FORSCHUNGSBERICHT DES LANDES NORDRHEIN-WESTFALEN

Nr. 2653/Fachgruppe Umwelt/Verkehr

Herausgegeben im Auftrage des Ministerpräsidenten Heinz Kühn
vom Minister für Wissenschaft und Forschung Johannes Rau

Dipl.-Ing. Valentin Klöppel
Institut für Luft- und Raumfahrt
der Rhein.-Westf. Techn. Hochschule Aachen

Strahllärm von Triebwerken
durch akustische Rückkopplung

Westdeutscher Verlag 1976

CIP-Kurztitelaufnahme der Deutschen Bibliothek

Klöppel, Valentin
Strahllärm von Triebwerken durch akustische
Rückkopplung. - 1. Aufl. - Opladen: West-
deutscher Verlag, 1977.

(Forschungsberichte des Landes Nordrhein-
Westfalen; Nr. 2653 : Fachgruppe Umwelt/
Verkehr)
ISBN 978-3-531-02653-4   ISBN 978-3-322-88379-7 (eBook)
DOI 10.1007/978-3-322-88379-7

© 1977 by Westdeutscher Verlag GmbH, Opladen
Gesamtherstellung: Westdeutscher Verlag

Inhalt

1. Einleitung 5
2. Aufgabenstellung 7
3. Experimentelle Untersuchungen 8
   3.1   Versuchseinrichtung 8
   3.2   Untersuchte Düsen 8
   3.3   Der Absolutwert der Gesamtschalleistung 11
   3.4   Die Rückkopplungsfrequenz 12
   3.4.1 Variation des Wandabstandes 12
   3.4.2 Variation von Machzahl und Ruhetemperatur 12
   3.4.3 Spektrale Verteilung 13
   3.4.4 Variation von Düsendurchmesser, -querschnitts-
         und -austrittsform 14
   3.5   Messung der Richtcharakteristik 15
   3.5.1 Einfluß des Wandabstandes 20
   3.5.2 Einfluß der Austrittsmachzahl 24
   3.5.3 Einfluß der Ruhetemperatur 26
   3.6   Einfluß der Hindernisform 26
   3.6.1 Schalleistung und Rückkopplungsfrequenz 26
   3.6.2 Richtcharakteristik 28

4. Untersuchte Lärmminderungsmaßnahmen 29
   4.1   Einführen eines Störkörpers in die
         düsennahe Grenzschicht 29
   4.2   Einbau eines Zentralkörpers in die Düse 30
   4.3   Ejektoren aus schalldämmendem Material 30
   4.4   Zweikreisdüsen 31
   4.5   Strahltangierende Platte 32

5. Berechnung der Richtcharakteristik 33
   5.1   Inhomogene Wellengleichung 34
   5.2   Schallausbreitung 35
   5.3   Schallintensität 37
   5.4   Axialsymmetrische Rechnung 38

6. Zusammenfassung 42

7. Schrifttum 43

1. Einleitung

Der Triebwerkslärm ist bereits Gegenstand zahlreicher Untersuchungen gewesen. Hierbei wurde der aus der Düse tretende Freistrahl als eine der Hauptschallquellen identifiziert. Innerhalb des Strahles wiederum fanden Michalke und Fuchs [1], sowie Neuwerth [2] als starke Schallerzeuger geordnete Turbulenzstrukturen (s. Abb. 1.1).

Die Schallabstrahlung dieser Strukturen wird durch ein den Strahl umlenkendes Hindernis, wie z.B. den Boden beim Senkrechtstart, sowie Schubumkehrer und Blown Flaps auf Grund der auf die Strukturen wirkenden Umlenkkräfte stark erhöht.

Bei Hindernisabständen $h \lesssim 6$ Düsendurchmesser und Austrittsmachzahlen $M_A \gtrsim 0{,}6$ kann eine weitere Lärmerhöhung durch Rückkopplung zwischen den Strukturen und Schallwellen auftreten, welche vom Umlenkgebiet ausgehen [4], [2], (s. Abb. 1.2).

Bei Unterschallströmung wandert dann ein Teil der Schallwellen, welche vom Wandstaugebiet ausgehen, im Strahlinnern in Richtung des Düsenaustritts. Dabei werden die Wellen teilweise durch Totalreflektion an der Innenseite der freien Strahlgrenzschicht im Strahlinnern kanalisiert und behalten so eine hohe Intensität. Hierdurch werden in der düsennahen freien Grenzschicht die Turbulenzstrukturen verstärkt. Diese entwickeln sich auf ihrem Weg in Richtung auf die Wand zu zusammenhängenden Wirbeln, welche dort ihrerseits wieder Schallwellen hervorrufen. Die auf diese Weise entstandene Rückkopplungsschleife erzeugt einen Ton hoher Schallintensität.

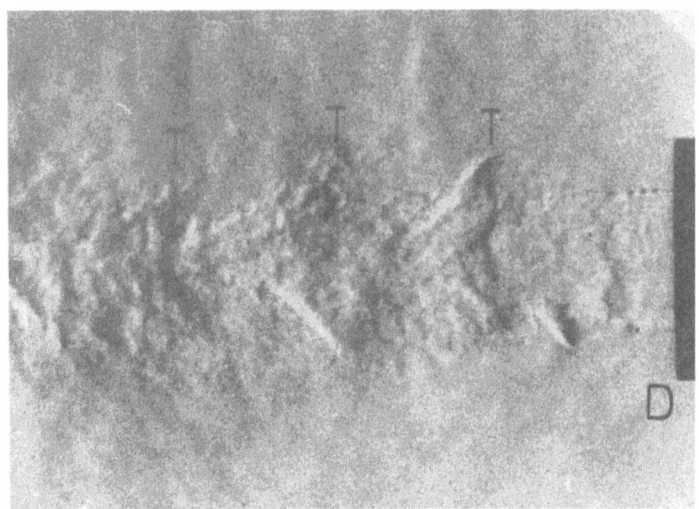

Abb. 1.1 [3]
D ≙ Düse
T ≙ Turbulenzstruktur

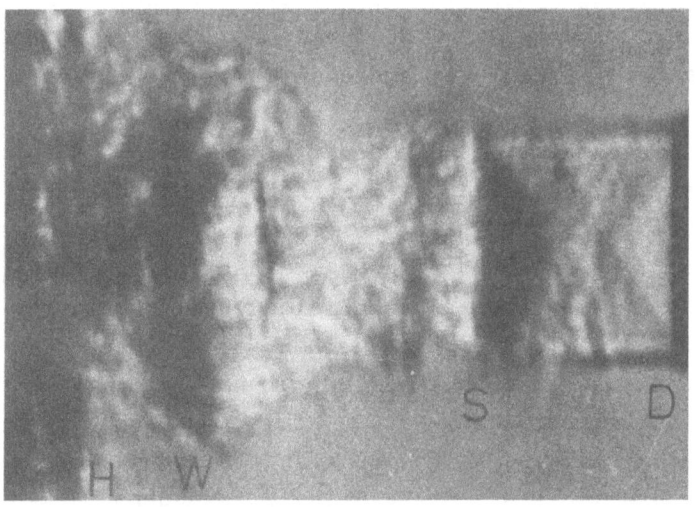

Abb. 1.2
H ≙ Wand
W ≙ Wirbel
S ≙ Schalldruck
   maximum
D ≙ Düse

2. Aufgabenstellung

Aufgabe des vorliegenden Forschungsvorhabens war es,
1. die Richtcharakteristik des Rückkopplungsschalls experimentell zu ermitteln,
2. Methoden zur Verringerung des abgestrahlten Lärms zu erarbeiten
3. die Richtcharakteristik des Rückkopplungsschalls näherungsweise zu errechnen.

Bei der experimentellen Ermittlung der Richtcharakteristik sollten variiert werden (s. Abb. 2.1):
1. als strömungsmechanische Parameter
1.1 die Düsenaustrittsmachzahl M_A im Unterschallbereich
1.2 die Strahlruhetemperatur $20\ °C \leqslant T_0 \leqslant 500\ °C$

2. als geometrische Parameter
2.1 der Düsendurchmesser d_A
2.2 Die Düsenquerschnittsform
2.3 die Düsenaustrittsform (u.a. durch Einbau von Störkörpern)
2.4 die Form des Hindernisses im Strahl
2.5 der Abstand h des Hindernisses von der Mündung.

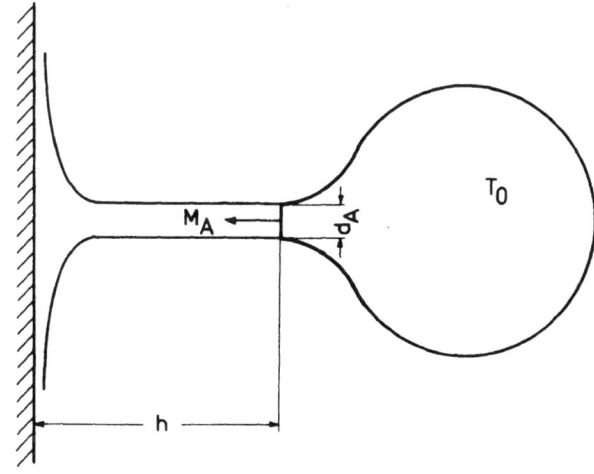

Abb. 2.1

3. Experimentelle Untersuchungen

3.1 Versuchseinrichtung

Zur Durchführung der Untersuchungen wurde eine Versuchsanlage bestehend aus reflexionsarmem Raum, Freistrahl-Windkanal, Strahl-Umlenkvorrichtung und Meßeinrichtung aufgebaut. (s. Abb. 3.1.1).

Zur Begehung des Raumes dienen herausnehmbare Roste. Die in den Raum eingelassene Luft tritt durch einen schallgedämpften Abzug wieder aus.

Zur Aufnahme der Richtcharakteristik des Umlenkschalls kann ein Mikrophonausleger von einem an der Decke befestigten Motor um die zu untersuchende Schallquelle herumbewegt werden. Der Motor ist mit einem Polarpapier beschriftenden Pegelschreiber synchronisiert, so daß der Mikrophonausleger und das Polarpapier die gleiche Winkelgeschwindigkeit einhalten. Für optische Untersuchungen lassen sich zwei Fenster für den Strahlengang der optischen Anlage öffnen, welche sich außerhalb des Raumes befindet (s. Abb. 3.1).

Der akustisch zu vermessende Luftstrahl wird von einem Kolbenkompressor über Trockner, Speicherkessel, Druckregler, Aufheiz- und Beruhigungskammer und Düse gespeist. Er kann nach Belieben durch ein in Form und Lage variables Hindernis umgelenkt werden. Bei Verlassen der Düse tritt er in einen reflexionsarmen Raum mit einer unteren Grenzfrequenz von $f_U = 500$ Hz ein.

3.2 Untersuchte Düsen

Der zu untersuchende Umlenkungsschall wurde für unterschiedliche geometrische und strömungsmechanische Konfigurationen gemessen. Die dabei verwendeten Düsen sind in Abb. 3.2.1 aufgeführt:

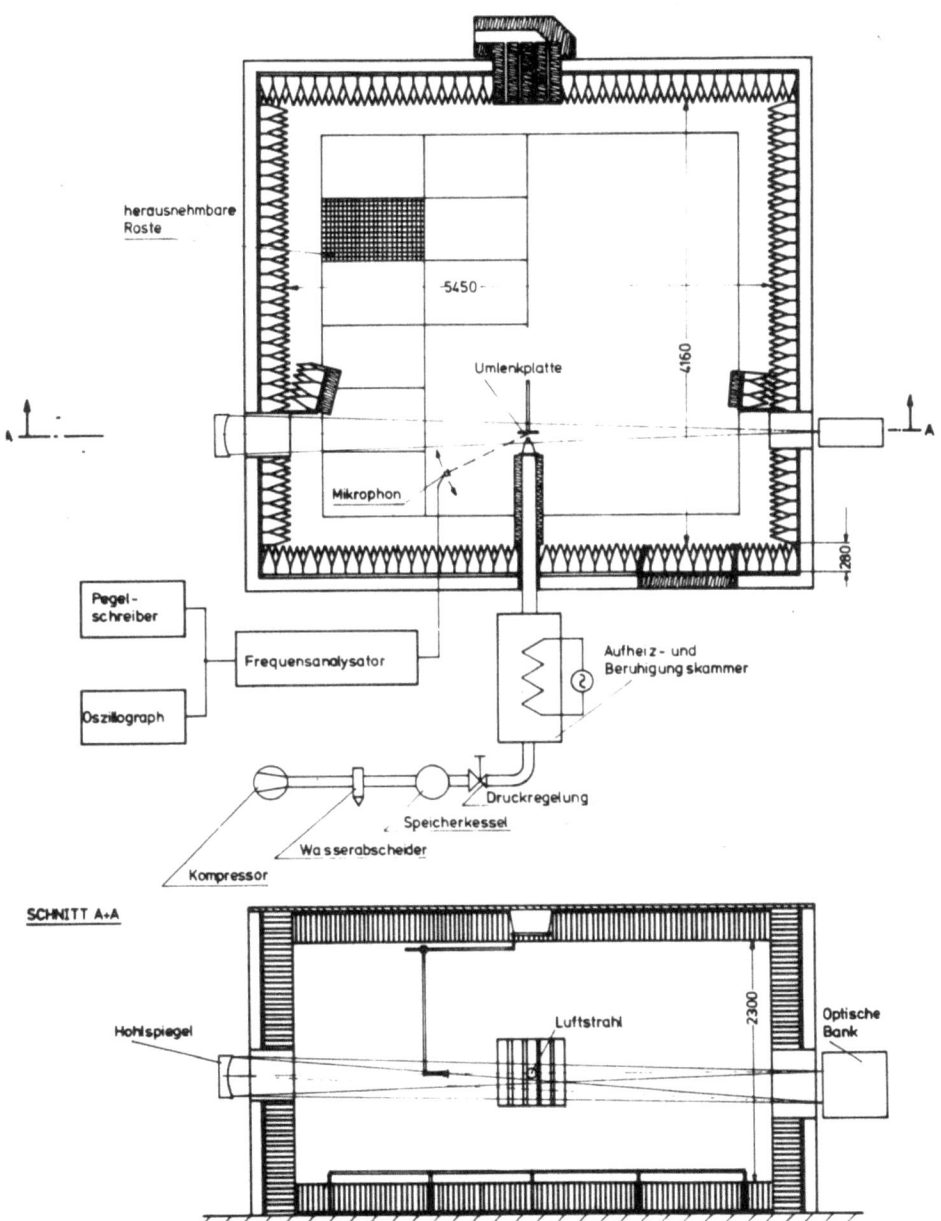

Abb. 3.1.1

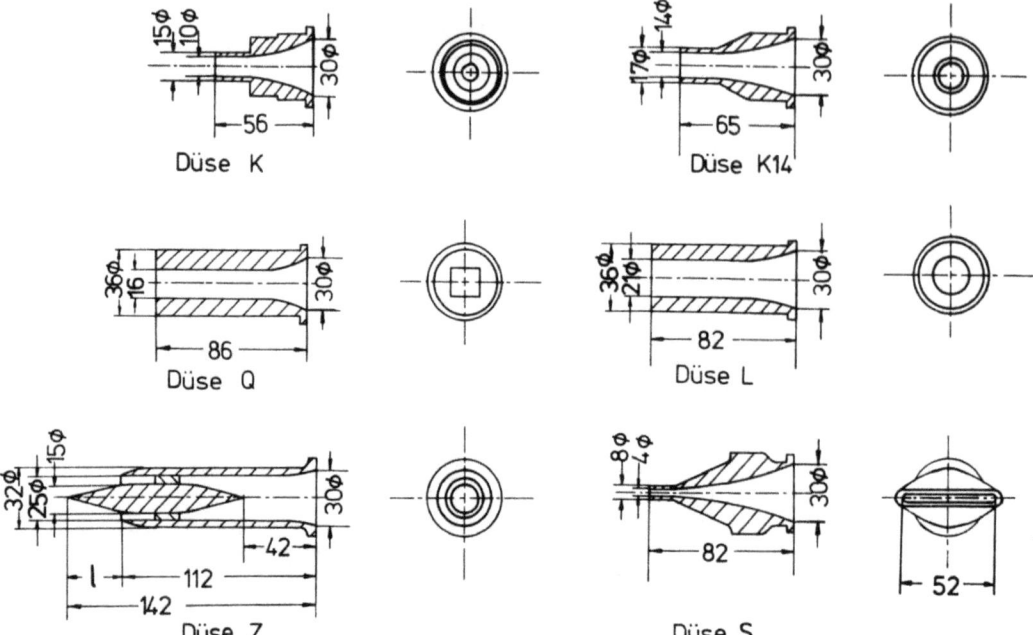

Abb. 3.2.1

Um die mit unterschiedlichen Düsenformen erzielten Ergebnisse miteinander vergleichen zu können, werden für die Düsen Q und S äquivalente Kreisdurchmesser gebildet.

Gute Vergleichbarkeit der akustischen Ergebnisse erbrachten:
- bei Düse Q der Durchmesser eines austrittsflächengleichen Kreises, da sich der quadratische Luftstrahlquerschnitt nach Verlassen der Düse auf Grund der Reibung mit der ruhenden Luft eher in Richtung auf einen Kreisquerschnitt verändern wird:

$$d_Q = \frac{2s}{\sqrt{\pi}} = 16,93 \text{ mm } \emptyset \qquad (3.2.1)$$

mit s = Seitenlänge des Austrittsquadrats

- bei Düse S der Umfang U und Fläche A berücksichtigende "hydraulische" Durchmesser:

$$d_h = 4 \cdot \frac{A}{U} = 5,74 \text{ mm } \emptyset \qquad (3.2.2)$$

3.3 Der Absolutwert der Gesamtschalleistung

Die Gesamtschalleistung eines umgelenkten Luftstrahls wird durch die eingangs beschriebene Rückkopplung erheblich erhöht. Dies läßt sich aus Abb. 3.3.1 entnehmen, welche in ihrem oberen Teil den absoluten Gesamt-Schalleistungspegel aufführt (durchgezogene Kurve), welcher mit variierendem Wandabstand stark schwankt.

Die Orte schwacher Rückkopplung, welche durch Schalleistungsminima angezeigt werden, weisen Schalleistungspegel nahe denen des rückkopplungsfreien Strahles auf. Dagegen tritt bei starker Rückkopplung eine Pegelerhöhung von maximal 7,5 dB auf.

Die Ähnlichkeit des gesamten und bei der Rückkopplungsfrequenz gefilterten Schalleistungspegels (gestrichelter Kurvenverlauf) belegt den starken Einfluß der Rückkopplung auf die Gesamtschalleistung.

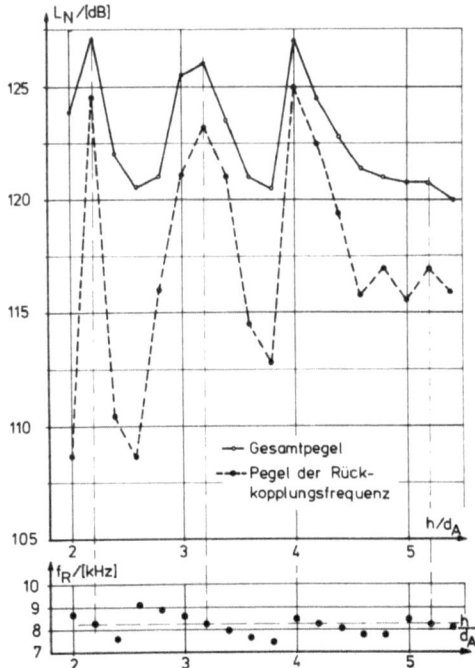

Abb. 3.3.1

$M_A = 0,9$

$T_o = 293$ K

Düse K 14

3.4 Die Rückkopplungsfrequenz

3.4.1 Variation des Wandabstandes

Der untere Teil von Abb. 3.3.1 zeigt einen treppenartigen Verlauf der Frequenz von Schall- und Wirbelwellen mit für eine Rückkopplung typischen Sprüngen.

Dieses Frequenzverhalten konnte von Wagner [4] und Neuwerth [2] erklärt werden, weshalb hierauf nicht weiter eingegangen werden soll.

Im Rahmen dieser Arbeit konnte mit Hilfe von Schalleistungsmessungen gezeigt werden, daß es eine bevorzugte "mittlere" Rückkopplungsfrequenz gibt, bei welcher maximale Schalleistung abgestrahlt wird, (s. Abb. 3.3.1 oben) da dort der Verstärkungsmechanismus der Rückkopplungsschleife die geringste Dämpfung erfährt.

3.4.2 Variation von Machzahl und Ruhetemperatur

Bei Variation von Machzahl und Ruhetemperatur zeigt die mittlere Rückkopplungsfrequenz folgendes Verhalten:

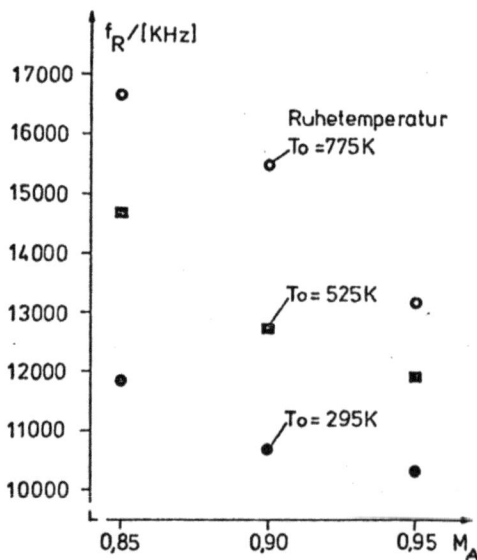

Abb. 3.4.1

- sie fällt bei konstanter Ruhetemperatur mit der Machzahl
- sie steigt bei konstanter Machzahl mit der Ruhetemperatur
  (s. Abb. 3.4.1 und [2]).

3.4.3 Spektrale Verteilung

Das in Abb. 3.4.2 dargestellte Schallspektrum des Rückkopplungsschalls weist ein steil ansteigendes Schalldruckmaximum am Ort
der Rückkopplungsfrequenz auf, welches um über 10 dB über dem
stets vorhandenen Strahllärm liegt und damit die Dominanz des
Rückkopplungsschalls belegt.

Weiterhin ist eine relativ schwache Oberschwingung erkennbar.

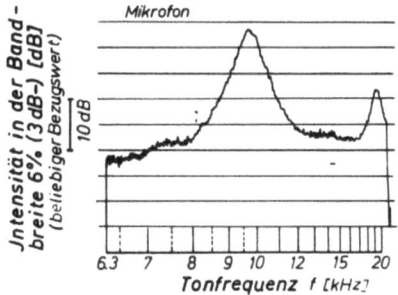

Abb. 3.4.2

$\frac{h}{d_A}$ = 2,3

M_A = 0,85

Die Schmalbandigkeit des Rückkopplungsschalls zeigt, daß der
Zeitablauf des gegenseitigen Auslösens von Schall- und Wirbel-
welle durch den Rückkopplungsmechanismus recht gut konstant
gehalten wird.

3.4.4 Variation von Düsendurchmesser, -querschnitts- und
-austrittsform

Für zwei einander ähnliche Düsen bleibt die mit dem Düsendurchmesser d_A gebildete Strouhalzahl

$$S_d = \frac{f_R \cdot d_A}{u_A} \approx \text{konstant}$$

(u_A = Düsenaustrittsgeschwindigkeit).

Hierdurch verhalten sich die zugehörigen Rückkopplungsfrequenzen f_R umgekehrt proportional zu den Düsenaustrittsdurchmessern d_A.

Auch einander <u>nicht</u> ähnliche Düsen mit unterschiedlichen Düsendurchmessern und Düsenquerschnitts- und -austrittsformen weisen nahe benachbarte Strouhalzahlen auf (s. Abb. 3.4.3).

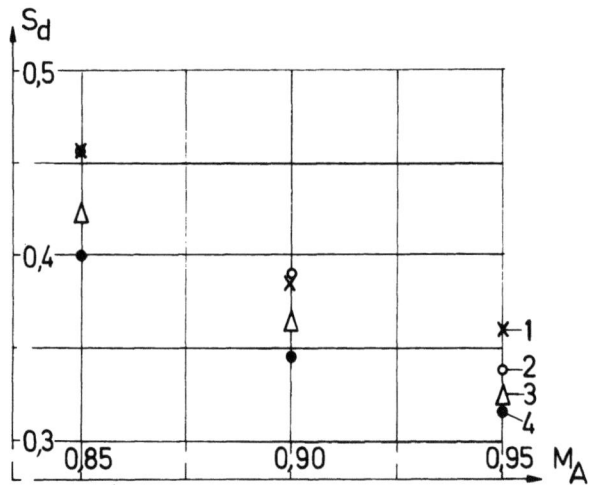

Abb. 3.4.3
1 = Düse S
2 = Düse L
3 = Düse Q
4 = Düse K

3.5 Messung der Richtcharakteristik

Zur Ermittlung der Hauptabstrahlungsrichtungen des Rückkopplungsschalls wurden Richtcharakteristiken aufgenommen. Hierbei wurde stets durch Filtern der bei der Rückkopplungsfrequenz abgestrahlte Schall aufgenommen. Es wurde ein Schmalbandfilter mit einer konstanten Bandbreite von 31,6 Hz (-3,5 dB) verwandt.

Der Mikrophonabstand betrug bei allen Messungen r_M = 750 mm.

Eine für den Rückkopplungsschall typische Richtcharakteristik zeigt Abb. 3.5.1.

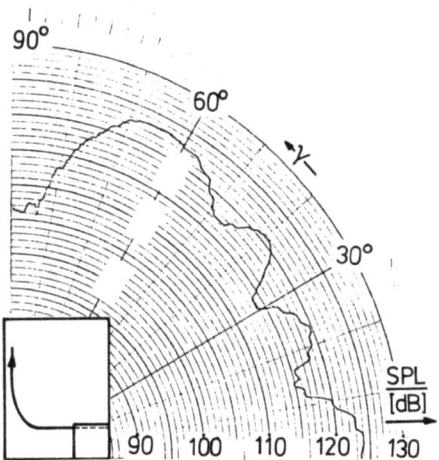

Abb. 3.5.1

Austrittsmachzahl M_A = 0,9

Ruhetemperatur T_O = 293 K

$\dfrac{\text{Wandabstand}}{\text{Austrittsdurchmesser}} \dfrac{h}{d_A}$ = 3,5

gefilterte
Rückkopplungs-
frequenz f_R = 10440 Hz

Düse K

Markant sind die 4 Maxima, die jedoch bei Variation von Hindernisabstand h (Kap.: 3.5.1), Machzahl M_A (Kap.: 3.5.2), Ruhetemperatur T_o (Kap.: 3.5.3) und Düsenform ihren gegenseitigen Abstand und ihre Höhe stark verändern können.

Der Einfluß der Rückkopplungsfrequenz auf die Form der Richtcharakteristik ist dagegen von sekundärer Bedeutung.

Der Grund hierfür liegt wohl darin, daß durch strömungsbedingte starke Brechung an einem Aufpunkt Wellenanteile unterschiedlichster Laufzeit und deshalb auch mit sehr unterschiedlicher Phase eintreffen, so daß sich kein eindeutiger Phaseneinfluß einstellen kann. Weit stärker als die Interferenz verschiedenphasiger Wellenanteile wirken sich - wie noch zu erläutern ist - brechungsbedingte Verformungen der Wellenfronten auf die an einem Aufpunkt meßbare Schallintensität aus.

Der starke Einfluß der Schallbrechung auf die Schallabstrahlung wird durch Experimente von Atvars, Schubert, Grande und Ribner [5] bestätigt.

Auffallend ist auch der starke Pegeleinbruch in Wandnähe ($\gamma = 90°$). Er wird im wesentlichen durch drei Effekte bewirkt, welche hier zur Deutung von Meßergebnissen in nur vereinfachter Form erläutert werden sollen. Hierzu ist von folgender Modellvorstellung der Schallentstehung auszugehen:

Die in Kap. 1 erwähnte Interferenz zwischen Umlenkwand und Wirbel soll hier als Kraftwirkung von der Wand auf den Umlenkbereich der Strömung und die darin enthaltenen Wirbel gedeutet werden (s. Abb. 3.5.2).

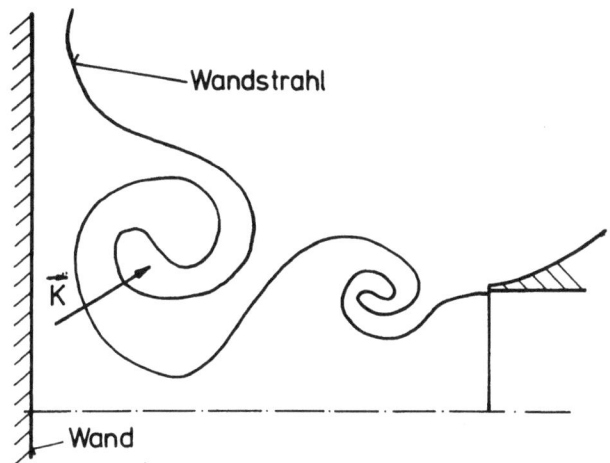

Abb. 3.5.2
Kraft $\vec{K}$ von der Wand auf die Strömung

Die mit dem Wirbeldurchgang periodisch auf die Strömung ausgeübte Kraft erzeugt den Rückkopplungsschall im Umlenkbereich des Strahls.

Die von dort ausgehenden Schallwellen werden im Wandbereich der Strömung den erwähnten drei Effekten in folgender Weise unterworfen:

1. Schallbrechung durch den Geschwindigkeitsgradienten des Wandstrahls.
   Durch das im wesentlichen zum freien Strahlrand hin abfallende Geschwindigkeitsprofil der Wandströmung wird eine Schallwellenfront dort durch stärkere Konvektion ihres wandnahen Teils zum Strahlrand hin gerichtet (s. Abb. 3.5.3), so daß nur wenig Schall im Bereich der Wandebene verbleibt.

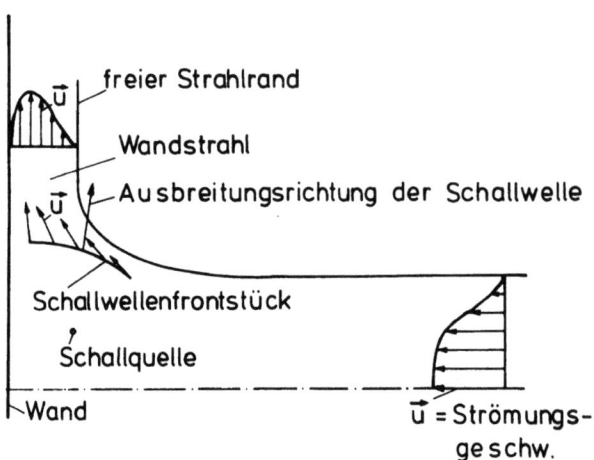

Abb. 3.5.3

Schallbrechung durch den Geschwindigkeitsgradienten

2. Schallbrechung durch den Temperaturgradienten

Der Gradient der statischen Temperatur in der Wandströmung wirkt der oben geschilderten Tendenz entgegen, da die Schallgeschwindigkeit im Wandstrahl zur freien Strahlgrenze hin im wesentlichen ansteigt. Dadurch wird eine Schallwelle dort zur Wand hin gerichtet (s. Abb. 3.5.4).

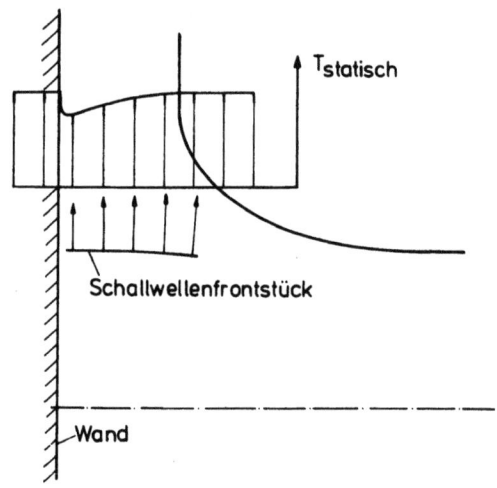

Abb. 3.5.4

Schallbrechung durch den Temperaturgradienten

Da jedoch die Strömungsgeschwindigkeit des Wandstrahls zum freien Strahlrand hin steiler abfällt als die Schallgeschwindigkeit ansteigt, hat sie einen größeren Einfluß auf die Schallbrechung.

3. Schallreflexion durch die Wand

Schallwellen, welche auf die Wand zulaufen, werden von dieser entsprechend ihrem Einfallwinkel von der Wand weg reflektiert (s. Abb. 3.5.5), woraus eine Wirkung ähnlich dem in Absatz 1 beschriebenen Effekt auf die Schallausbreitung resultiert.

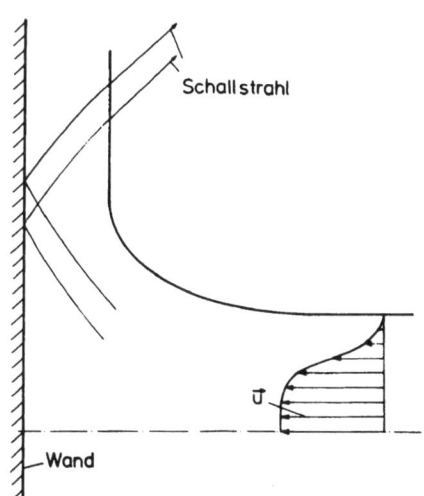

Abb. 3.5.5

Schallreflexion

Zur Darstellung der Schallausbreitung sind in Abb. 3.5.5 "Schallstrahlen" eingezeichnet, welche die Ausbreitungsrichtung der betrachteten Schallwellen angeben.

In den Abb.: 3.5.9b, 3.5.11a und 3.5.14b der Kap. 3.5.1
und 3.5.2 tritt im Wandbereich ein kleines relatives Maximum auf.
Dieses wird wohl durch solche Schallwellenanteile erzeugt, welche
in sehr spitzem Winkel zur Wand abgestrahlt werden. Hierbei werden
sie durch wiederholte Reflexion an der Wand und Totalreflexion
an der Wandgrenzschicht im Wandbereich kanalisiert (s. Abb. 3.5.6).

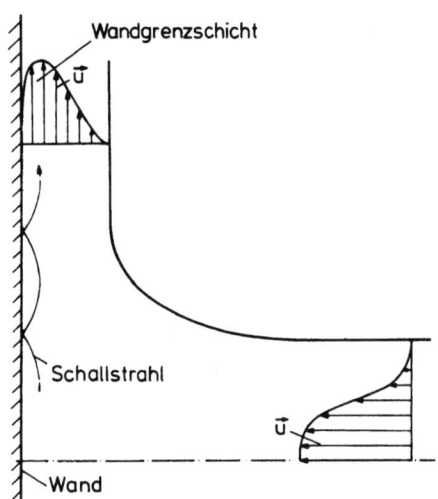

Abb. 3.5.6

In den folgenden Kapiteln soll der Einfluß von Düsendurchmesser, Düsengeometrie, Wandabstand, Austrittsmachzahl und
Ruhetemperatur auf die Richtcharakteristik des Rückkopplungsschalls aufgezeigt werden.

3.5.1 Einfluß des Wandabstandes

Wird der Abstand zwischen Wand und Düse vergrößert, so tritt
im Wandstrahlbereich

- ein Anwachsen der freien Strahlgrenzschicht und dadurch
- ein Abflachen des Geschwindigkeitsprofils auf.

Hierdurch wird die Schallbrechung in Wandnähe in gegensätz-
licher Weise beeinflußt.

Durch das flachere Geschwindigkeitsprofil wird der mit der Wandströmung wandernde Schall entsprechend Abb. 3.5.7 und 3.5.3 schwächer aus dieser herausgebrochen.

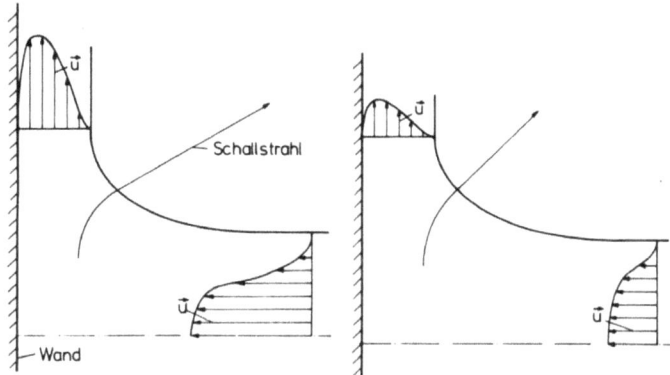

Abb. 3.5.7

- Durch die Verbreiterung der Grenzschicht werden die darin verlaufenden Schallstrahlen länger der Brechung ausgesetzt und deshalb stärker aus der Wandströmung herausgebrochen (s. Abb. 3.5.8).

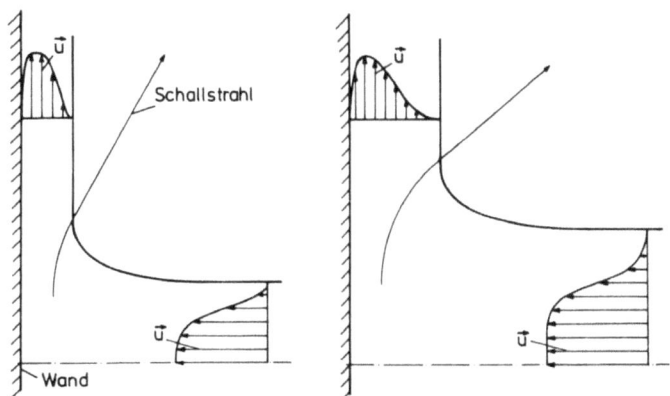

Abb. 3.5.8

Es läßt sich vermuten, daß sich die beiden geschilderten Brechungsmechanismen nicht gegenseitig kompensieren, sondern daß einige Schallstrahlen von dem einen, andere wiederum auf Grund unterschiedlicher Herkunft von dem anderen Mechanismus beeinflußt werden.

Dies führt zu einer Verbreiterung des wandnahen Schalldruckmaximums, wie in Abb. 3.5.9 und 3.5.1o trotz unterschiedlicher Düsengeometrie und Ruhetemperatur einheitlich gezeigt wird.

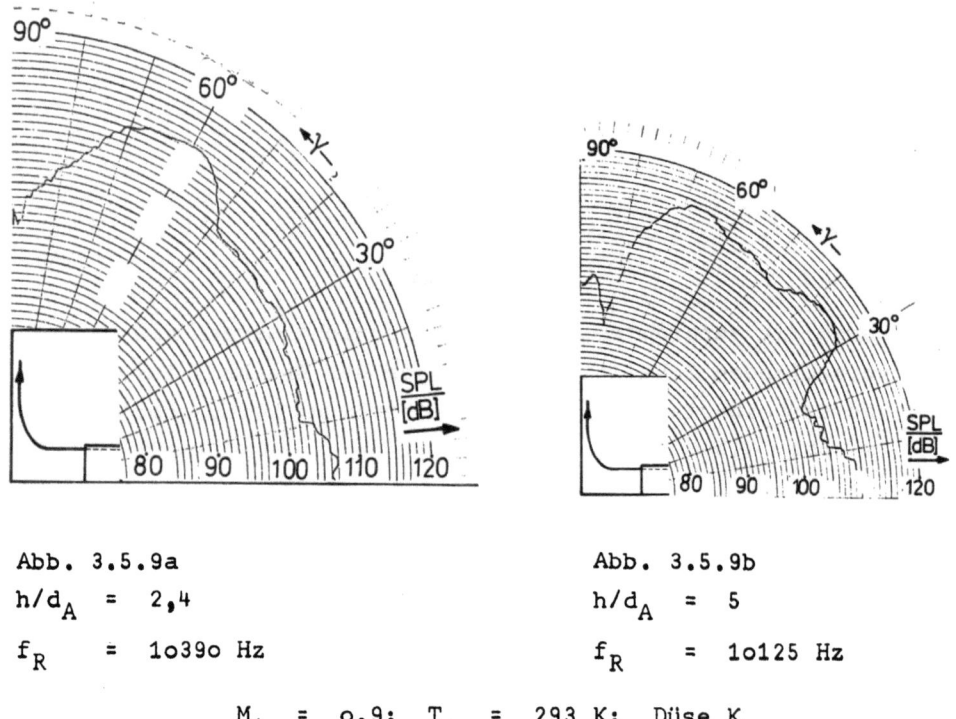

Abb. 3.5.9a   Abb. 3.5.9b
h/d_A = 2,4 h/d_A = 5
f_R = 1o39o Hz f_R = 1o125 Hz

M_A = o,9; T_o = 293 K; Düse K

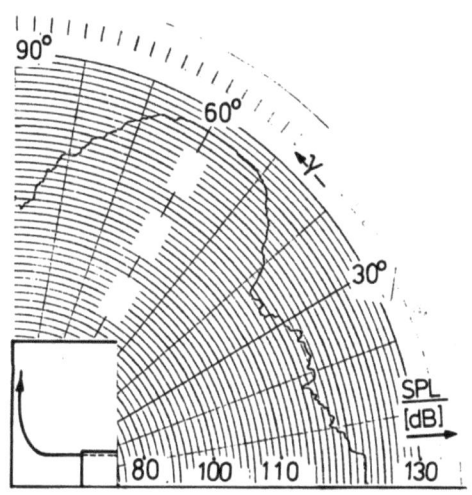

Abb. 3.5.10a
$h/d_Q = 2$
$f_R = 6780$ Hz

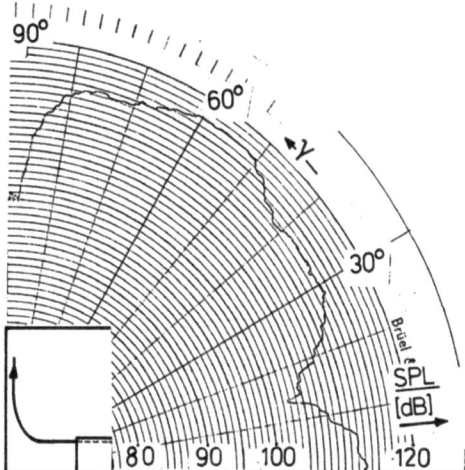

Abb. 3.5.10b
$h/d_Q = 4,5$
$f_R = 6490$ Hz

$M_A = 0,9$; $T_o = 293$ K; <u>Düse Q</u>
(veränderte Düsengeometrie)

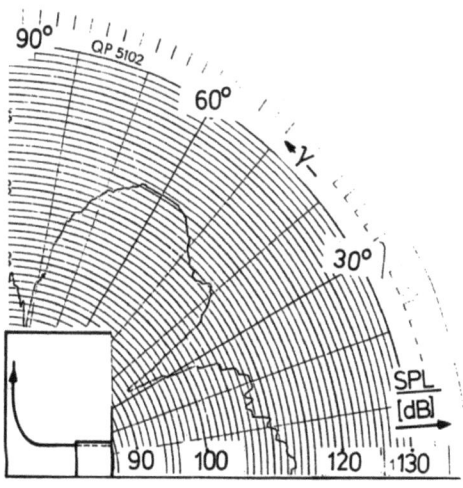

Abb. 3.5.11a
$M_A = 0,85$
$f_R = 10760$ Hz

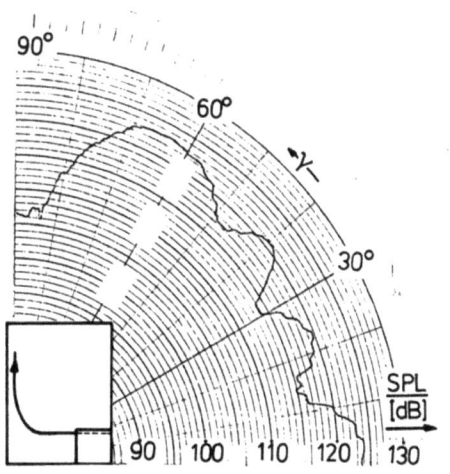

Abb. 3.5.11b
$M_A = 0,95$
$f_R = 10440$ Hz

$h/d_A = 3,4$; $T_o = 293$ K; Düse K

3.5.2 Einfluß der Austrittsmachzahl

Bei Erhöhung der Austrittsmachzahl werden die wandnahen Schallstrahlen wegen des steiler werdenden Geschwindigkeitsprofils in stärkerem Maße aus der Wandströmung herausgebrochen (s. Abb. 3.5.7) und verstärken dadurch die von der Wand entfernter liegenden Maxima.

Eine ähnliche Tendenz finden Olsen, Miles und Dorsch [6], (Fig. 3a) bei Luftstrahlen ohne Rückkopplung.

Sie zeigt sich in ähnlicher Form in den Abb. 3.5.11 und 3.5.14 für verschiedene Düsendurchmesser, Düsenformen, Düsenabstände und Ruhetemperaturen.

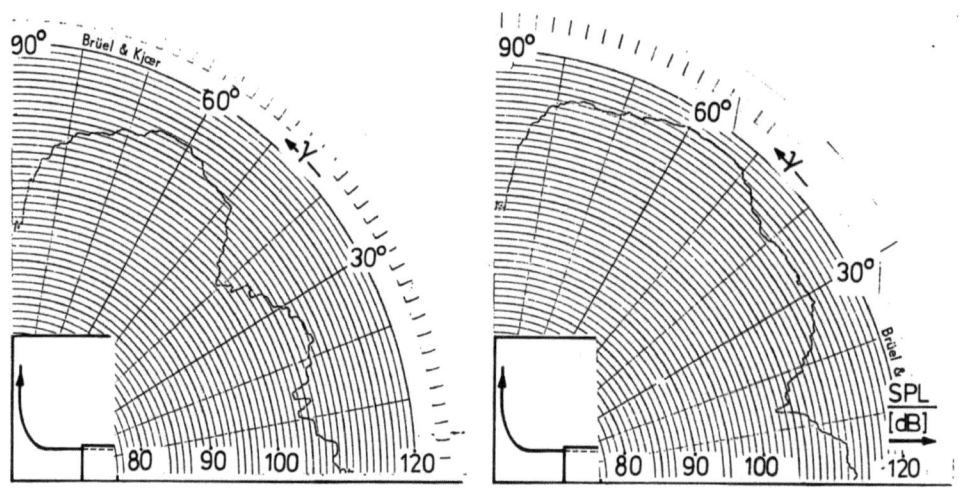

Abb. 3.5.12a   Abb. 3.5.12b

M_A = 0,85 M_A = 0,9

f_R = 7460 Hz f_R = 6490 Hz

h/d_Q = 4,37; T_o = 293 K; Düse Q

(veränderte Wanddistanz und Düsengeometrie)

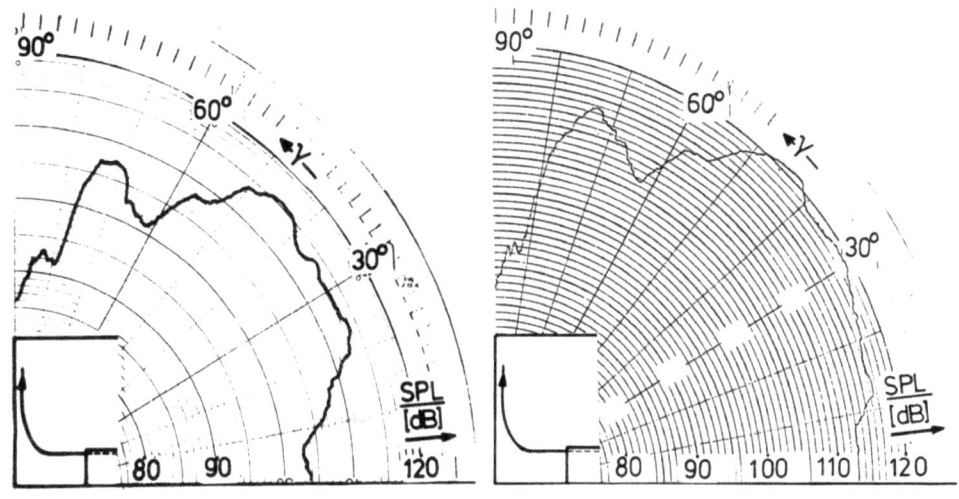

Abb. 3.5.13a
M_A = 0,85
f_R = 26570 Hz

Abb. 3.5.13b
M_A = 0,9
f_R = 24890 Hz

h/d_h = 1,92; T_o = 293 K; Düse S

(veränderte Wanddistanz und Düsengeometrie)

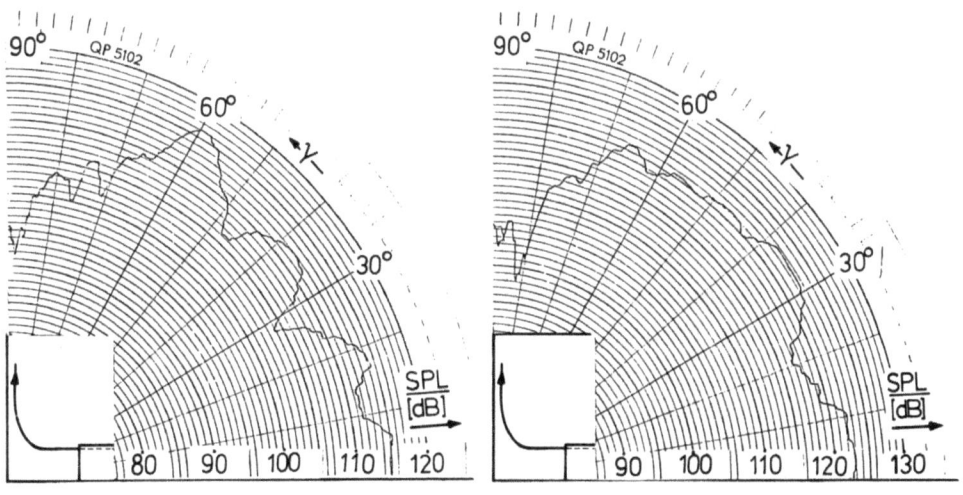

Abb. 3.5.14a
M_A = 0,85
f_R = 14560 Hz

Abb. 3.5.14b
M_A = 0,95
f_R = 12500 Hz

h/d_A = 5; T_o = 525 K; Düse K

(veränderte Wanddistanz und Ruhetemperatur)

3.5.3 Einfluß der Ruhetemperatur

Erhöht man die Ruhetemperatur des Luftstrahls bei gleichbleibender Machzahl, so resultiert daraus:

- eine höhere mittlere Strahlgeschwindigkeit
- eine größere mittlere Schallgeschwindigkeit
- eine erhöhte Energie des Luftstrahls
- eine geringere mittlere Dichte
- eine größere Zähigkeit der Strahlluft und dadurch eine verstärkte Tendenz der freien Strahlgrenzschicht, sich zu Wirbeln aufzurollen.

Diese Effekte führen im vorliegenden Fall zu keiner eindeutigen Änderung der Richtcharakteristik des Rückkopplungsschalls. Lediglich der mittlere Schalldruckpegel steigt mit zunehmender Ruhetemperatur wegen der erhöhten Strahlenergie und der verstärkten Wirbelaufrollung an.

3.6 Einfluß der Hindernisform

3.6.1 Schalleistung und Rückkopplungsfrequenz

Eine Variation der Hindernisgröße hat - wie ein Vergleich der Abb. 3.6.1 und 3.6.2 zeigt - keinen Einfluß auf die Höhe der Rückkopplungsfrequenz, wohl aber auf die Lage der Frequenzsprungstellen und Intensitätsmaxima.

Dies gilt auch für von der Plattform abweichende Hindernisse, wie z.B. angeblasene Klappennasen.

Bei kleineren Hindernissen, an deren Rändern die Strömung mit noch relativ hoher Geschwindigkeit ablöst, resultiert hieraus eine zusätzliche Schallquelle und damit eine erhöhte Schalleistung (vergl. Abb. 3.6.1 und 3.6.2).

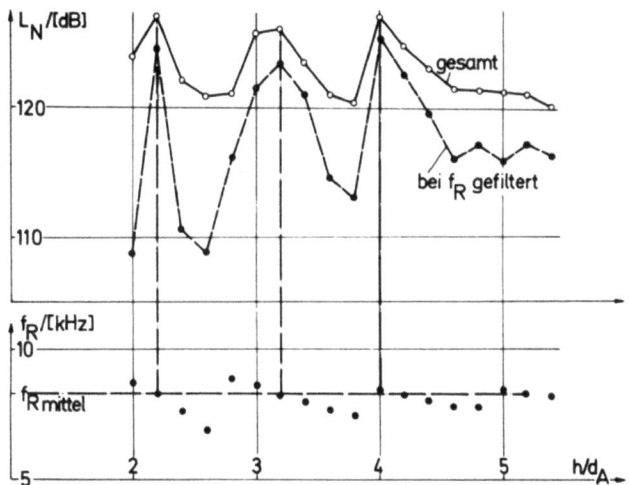

Abb. 3.6.1 (entspricht Abb. 3.3.1)

$M_A = 0,9$

Wanddurchmesser $d_w = 270$ mm ⌀

Düse K 14

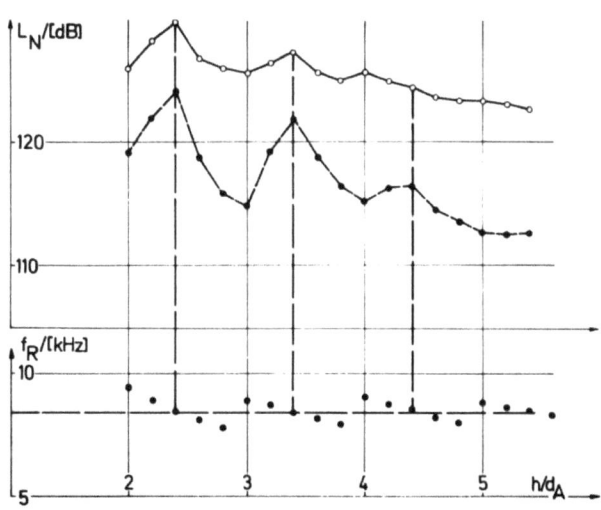

Abb. 3.6.2

$M_A = 0,9$

$d_w = 16$ mm ⌀

Düse K 14

3.6.2 Richtcharakteristik

Für Plattendurchmesser $d_w \gtrsim 7\, d_A$ bleibt die charakteristische Form der Richtcharakteristik in etwa erhalten. Sinkt der Plattendurchmesser unter $d_w \approx 7 \cdot d_A$, so verschwindet vor allem der typische Pegeleinbruch in Wandebene (s. Abb. 3.5.1) nach und nach.

Daneben steigt naturgemäß die Abstrahlung in den Raum hinter der Platte an.

4. Untersuchte Lärmminderungsmaßnahmen

Wie bereits in Kap. 1 erwähnt, stellen die schallerzeugenden Wirbel eine durch Rückkopplung verstärkte Form der immer vorhandenen makroskopischen Turbulenzstrukturen des Freistrahls dar. Im Gegensatz zu den Strukturen sind die Wirbel jedoch durch Unterbrechung der Rückkopplungsschleife verhältnismäßig leicht unterdrückbar.

In den Kap. 4.1 bis 4.5 sind Versuche zur Reduktion des Rückkopplungsschalls und teilweise auch des durch die Turbulenzstrukturen erzeugten Schalls aufgeführt.

4.1 Einführung eines Störkörpers in die düsennahe Grenzschicht.

Wagner [4] und Neuwerth [2] haben u.a. durch radiales Einführen einer Schneide in die düsennahe Grenzschicht die Ringwirbel zum Zerfall und damit die Rückkopplung zum Erliegen gebracht.

Hier soll nun überprüft werden, wie stark bei ähnlichem Vorgehen die Schalleistung des gefilterten Rückkopplungsschalls zurückgeht. Hierzu wurde ein Störkörper in Form einer Sekante in den düsennahen Strömungsquerschnitt eingeführt (s. Abb. 4.1.1).

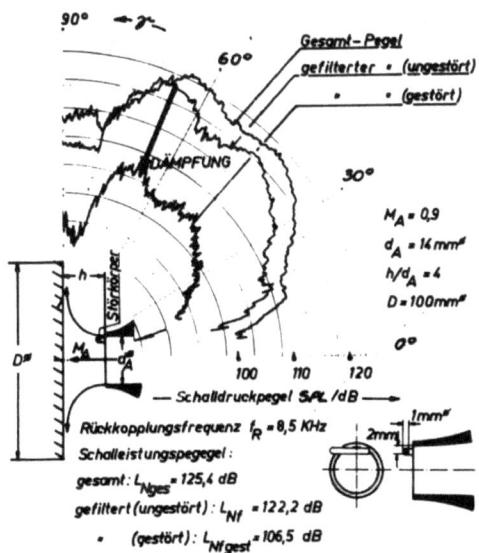

Abb. 4.1.1

Dabei kann eine Dämpfung der Schalleistung von etwa 16 dB festgestellt werden, welche für alle Abstrahlungsrichtungen gleichermaßen in Erscheinung tritt.

4.2 Einbau eines Zentralkörpers in die Düse

Durch den Einbau eines Zentralkörpers in die Düse entsprechend dem Heckkonus von Strahltriebwerken (s. Abb. 3.2.1 (Düse Z)) wird die im Strahlinnern stromauflaufende Welle des Rückkopplungsschalls vor Erreichen der Mündung in ihrer Intensität durch Reflexion, Streuung und Interferenz so geschwächt, daß sie keine neuen Wirbel mehr auslösen kann.

Im Rahmen einer Versuchsreihe wurde die aus der Düse ragende Länge l des Zentralkörpers im Bereich $1 \cdot d_A \leq l \leq 2 \cdot d_A$ variiert. (s. Abb. 3.2.1. Die Vermaßung von Düse Z in Abb. 3.2.1 gilt für das Basismodell der untersuchten Serie von Düsen mit Zentralkörper). Hierbei trat keine Änderung des oben beschriebenen Verhaltens auf. Es ist anzunehmen, daß die Rückkopplung erst für $l \ll d_A$ wieder auftritt.

Der unverstärkte Turbulenzlärm wird durch diese Anordnung nicht reduziert. Eine solche Lärmreduktion kann jedoch durch die in den beiden folgenden Kapiteln geschilderten Verfahren erreicht werden.

4.3 Ejektoren aus schalldämpfendem Material

Durch einen Ejektor entsprechend Abb. 4.3.1 werden:

1.) der Geschwindigkeitsgradient und damit die Schubspannung in der Scherschicht herabgesetzt

2.) die Geschwindigkeit im Umlenkbereich und damit die schallerzeugende Umlenkkraft geringer

3.) der noch verbleibende Schall teilweise durch das schall-
absorbierende Ejektormaterial gedämpft.

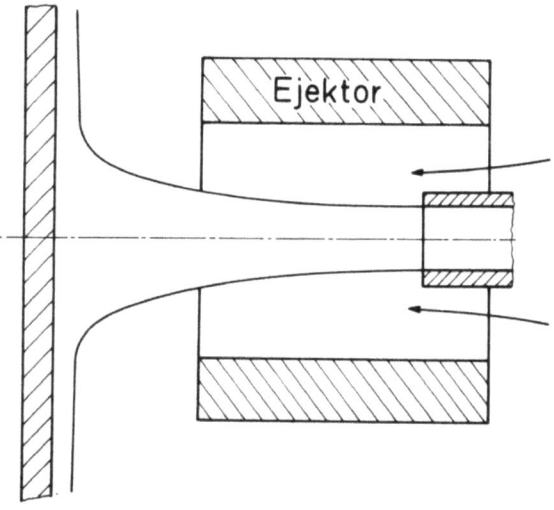

Abb. 4.3.1

Auf diese Weise konnte die Schalleistung des Rückkopplungslärms
um maximal 16 dB reduziert werden.

4.4 Zweikreisdüsen

Zweikreisdüsen entsprechend Abb.4.4.1 haben bis auf die Schall-
absorption die gleiche Wirkung wie der Ejektor.

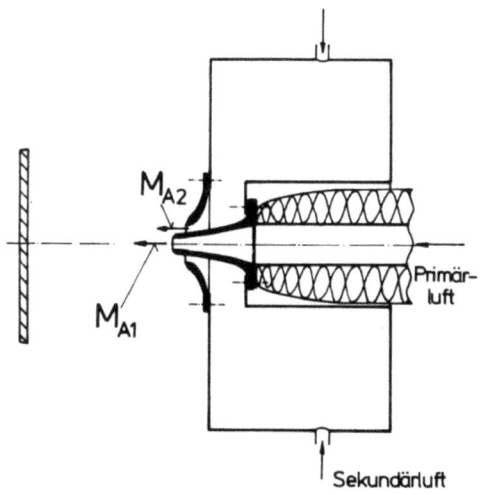

Abb. 4.4.1

Zur Vermeidung von Rückkopplung muß jedoch beachtet werden, daß das Verhältnis von Erst- und Zweitkreismachzahl etwa 2:1 beträgt. Bei größeren oder kleineren Verhältnissen kann Rückkopplung auftreten, wobei sich der gesamte Zweitkreis zu Wirbeln aufrollt.

4.5 Strahltangierende Platte

Läßt man die senkrecht auf die Umlenkwand gerichtete Anströmung zusätzlich eine ebene Platte tangieren, so wird zwar einerseits:

1. durch Zerstören der großen Wirbel die Rückkopplung und dadurch der aus ihr resultierende Lärm unterdrückt,

2. ein Teil des von der Anströmung herrührenden Turbulenzlärms durch die Platte abgeschirmt,

andererseits jedoch durch die von der Plattenhinterkante ausgehende Scherschicht ein starker Zusatzschall erzeugt, welcher die oben genannten Vorteile wieder weitgehend aufheben kann.

5. Berechnung der Richtcharakteristik

Zur Berechnung der Richtcharakteristik im Fernfeld sollen folgende Vereinfachungen eingeführt werden:

1.) Die die Strömung rechtwinklig umlenkende Wand werde durch eine Spiegelung des Strömungsfeldes an ihr simuliert.

   Grundsätzlich ist auch der Fall einer schräg angeströmten Wand rechenbar.

2.) Wegen der einfacheren Darstellungsweise werde das Verfahren für eine ebene Strömung erläutert.

3.) Die im Strömungsstaugebiet liegenden Schallquellen sollen sich nur über den Umlenkbereich der Wirbelbahn erstrecken (s. Abb. 5.1).

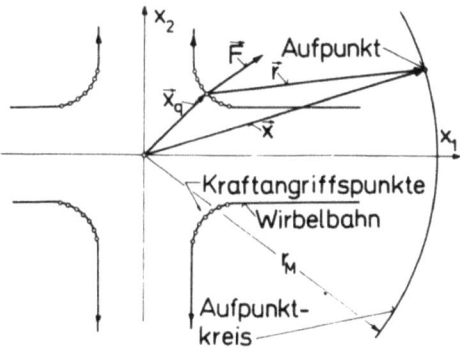

$$\frac{1}{c_u^2}\frac{\partial^2 p}{\partial t^2} - \Delta p = \frac{\partial q}{\partial t} - \nabla \vec{F} + \frac{\partial^2}{\partial x_i \partial x_j}(\rho u_i u_j) - \frac{\partial^2 \tau_{ij}}{\partial x_i \partial x_j} \quad (1)$$

$$p(\vec{x},t) = -\frac{1}{4\pi c_u r}\frac{\vec{r}}{r}\frac{\partial}{\partial t}\vec{F}(t-t_{QM}) \quad (2)$$

Abb 5.1

4.) Die Wirbelausdehnung quer zur Wirbelbahn werde vernachlässigt.

5.) Das Quellgebiet werde in einzelne Punktquellen bzw. Kraftangriffspunkte aufgelöst.

6.) Der Quellvektor $\vec{x}_q$ sei klein gegenüber dem Aufpunktvektor $\vec{r}$.

5.1 Inhomogene Wellengleichung

Zur Ermittlung des Schalldrucks geht man von der Lighthillschen Wellengleichung [7] aus (s. Abb. 5.1, Gleichung 1).

Hierbei beschreiben:

c_u die Umgebungsschallgeschwindigkeit

p   den Schalldruck

q   einen Massenstrom

$\vec{F}'$ äußere Kräfte pro Volumeneinheit, z.B. in Form der hier auftretenden Umlenkkräfte.

u_i, u_j instationäre Strömungskomponenten

τ_{ij} Schubspannungen in der Strömung

Da der hier zu errechnende Schall auf den die Wirbel umlenkenden Zentripetalkräften beruht, ist vornehmlich der Dipolterm $\vec{\nabla F}'$ von Bedeutung. Für einen durch ein sehr kleines Volumenelement erzeugten Dipol in ruhender Umgebung läßt sich die Lösung der Wellengleichung für das Fernfeld durch Gleichung 2 (Abb. 5.1) angeben.

Hierbei bezeichnet der Faktor t_{QM} die Zeit, die ein Schallsignal benötigt, um von der Quelle zum Aufpunkt zu gelangen. Für den Fall ruhender Umgebung ist $t_{QM} = \frac{r}{c_u}$.

Das Quellgebiet setzt sich aus einzelnen Dipolen zusammen, welche phasenverschoben entsprechend dem Wirbeldurchgang abstrahlen. Zur Ermittlung der Richtcharakteristik entlang eines Aufpunktkreises werden alle Schallwellenanteile, welche von den einzelnen Punktquellen stammen, an den Aufpunkten phasengetreu addiert (s. Abb. 5.1.1).

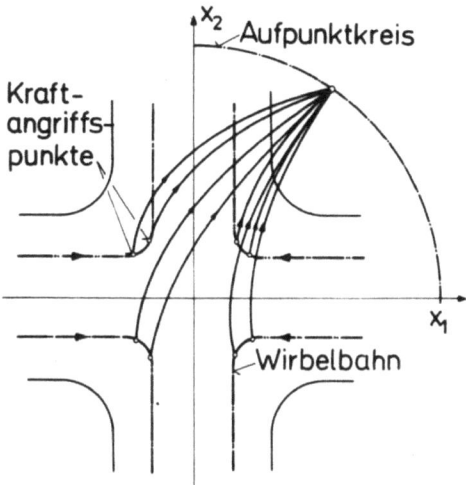

Abb. 5.1.1

5.2 Schallausbreitung

Wegen der Störung durch das Strömungsfeld soll die Schallausbreitung mit Hilfe des Huygensschen Prinzips gerechnet werden. Dieses besagt, daß

- jeder Punkt einer Wellenfront eine Elementarschallquelle darstellt, (Q in Abb. 5.2.1), von welcher Kugelwellen (K) ausgehen,

- oben genannte Wellenfront sich als die von der Schallquelle (S) abgewandte Einhüllende (E) der Kugelwellen ausbreitet (s. Abb. 5.2.1).

Es wird i.a. ausgeschlossen, daß Elementarwellen von weiter auseinanderliegenden Quellen (z.B. Q_1 und Q_5 in Abb. 5.2.1) miteinander interferieren. Hierdurch tritt eine gewisse Ähnlichkeit mit der sogenannten "geometrischen" oder "Ray"-Akustik auf. Diese ist in strengem Sinne nur anwendbar, wenn die auftretenden Wellenlängen klein gegenüber lokalen akustischen Inhomogenitäten

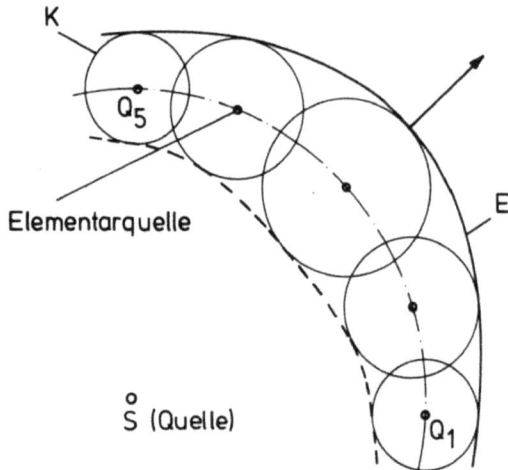

Abb. 5.2.1

sind, da sonst Beugung und Streuung auftreten, welche durch die geometrische Akustik nicht beschrieben werden können.

Bei dem von einer Wand umgelenkten Luftstrahl sind diese Inhomogenitäten Grenzschichtdicke, Strahldurchmesser und mittlerer Umlenkradius. Diese sind im vorliegenden Fall kleiner als die auftretenden Wellenlängen des Rückkopplungsschalls, doch kann man hier die geometrische Akustik als eine erste Näherungslösung der akustischen Wellenausbreitung ansehen [8].

Zur Durchführung der Rechnung wird die Wellenfront in einzelne kleine Streckenelemente aufgeteilt. Diese sind Ort unendlich vieler Elementarschallquellen. Hiervon sind in Abb. 5.2.2 nur die auf den Frontrandpunkten liegenden Quellen berücksichtigt, da der Gradient von Schall- und Strömungsgeschwindigkeit als über das Frontelement konstant angesetzt wird.

Nach der Zeit Δt ist das Element um den Weg $\vec{u} \cdot \Delta t$ konvektiert worden. Gleichzeitig ist es auf Grund der Schallausbreitung an den Ort der Tangente an die Kreise der Radien $c_1 \cdot \Delta t$ und $c_2 \cdot \Delta t$ gerückt.

Verfolgt man ein Element über eine gewisse Zeit, so entsteht durch die Folge der Elementpositionen ein Schallstrahl. Ein

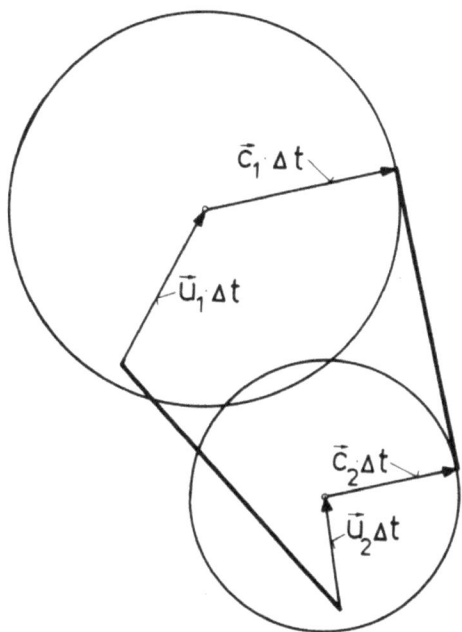

Abb. 5.2.2

einzelner Schallstrahl würde auf Grund der Beugung relativ
schnell zerfallen, wenngleich man ein Weiterbestehen der Strahlachse annehmen kann [9]. Deshalb darf er nur als Senkrechte
einer geschlossenen Wellenfront betrachtet werden.

5.3 Schallintensität

Bei ruhender Umgebung wird zwischen 2 um $d\varepsilon$ gegeneinander
gedrehten Schallstrahlen eine bestimmte Schalleistung dN
abgestrahlt, welche am Aufpunktkreis durch die Fläche
$d\varepsilon \cdot r_M \cdot 1$ tritt (s. Abb. 5.3.1).

Bei Auftreten von Brechung bleiben die Schallstrahlen nicht
länger gradlinig, so daß die konstant gebliebene Schalleistung durch eine andere Fläche ($d\gamma \cdot r_M \cdot 1$) tritt.
Hierdurch verhält sich der Schalldruck mit Brechungseinfluß p_{MB} zum Druck ohne Brechungseinfluß p_{OB} entsprechend
Gleichung 3 (Abb. 5.3.1).

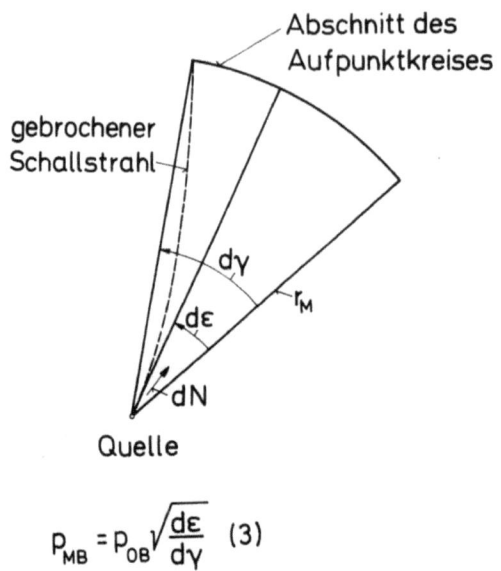

$$P_{MB} = P_{OB} \sqrt{\frac{d\varepsilon}{d\gamma}} \quad (3)$$

Abb. 5.3.1

ε = Abstrahlungswinkel

γ = Aufpunktwinkel

Bei der geschilderten Intensitätsrechnung mit Bereichen, welche von 2 benachbarten Schallstrahlen aufgespannt werden, muß berücksichtigt werden, daß die darin enthaltene Schallenergie durch Beugung in die Nachbarräume gelangen kann. Da dies jedoch auch umgekehrt gilt, tritt eine gewisse gegenseitige Kompensation ein.

5.4 Axialsymmetrische Rechnung

Die Rechnung der Schallabstrahlung bei axialsymmetrischem Strömungsfeld verläuft analog der ebenen Rechnung, jedoch sind folgende Änderungen vorzunehmen:

1.) Zur Errechnung der Schallintensität muß die Schalleistung betrachtet werden, die in von 4 Schallstrahlen aufgespannte Raumwinkel abgestrahlt wird.

2.) Als Schallfrontelemente werden kleine dreieckige Flächen verwandt, auf deren Ecken Elementarquellen angesetzt werden.

Nach der Zeit Δt liegt das Frontelement in der Tangentialebene an die 3 konvektierten Kugelwellen, welche von den Elementarquellen in der Zeit Δt ausgehen.

3.) Die Umlenkgebiete der Wirbelbahn werden in Quell- bzw. Kraftangriffskreise und diese wiederum in Quell- bzw. Kraftangriffspunkte aufgeteilt (s. Abb. 5.4.1).

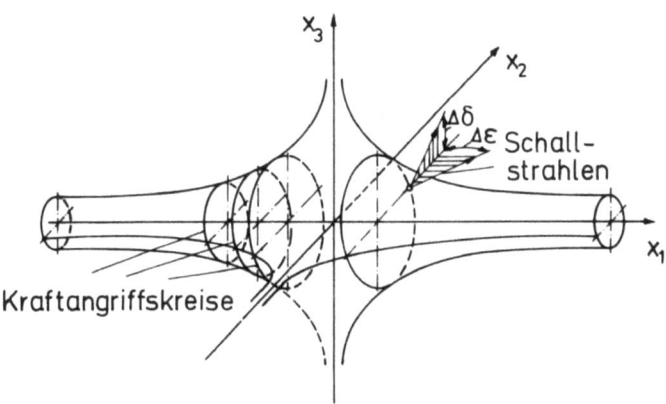

Abb. 5.4.1

Zur Ermittlung des Schalldrucks entlang des Aufpunktkreises werden mittels eines Rechenprogramms alle Schallstrahlen der einzelnen Kraftangriffspunkte berücksichtigt, welche den Aufpunktkreis erreichen.

Der Rechnung wurde ein Strömungsfeld zu Grunde gelegt, welchem durch Überlagerung potentialtheoretisch, inkompressibel gerechneter Einzelstrahlen ein wirklichkeitsnahes Profil aufgeprägt wurde (s. Abb. 5.4.2).

Es wurden 5 Kraftangriffskreise im Bereich maximaler Wirbelbeschleunigung angesetzt.

Abb. 5.4.3 zeigt das Ergebnis der unter diesen Voraussetzungen durchgeführten Rechnung im Vergleich mit einer gemessenen Charakteristik.

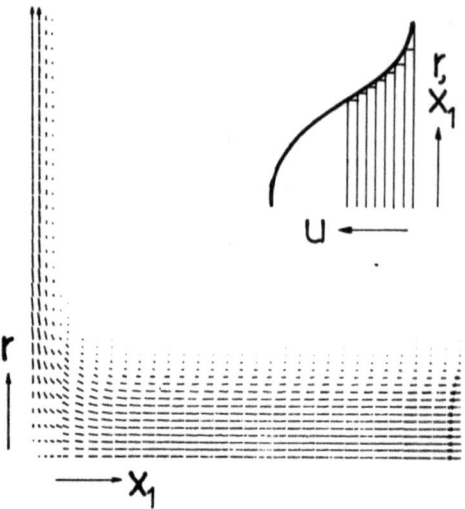

Abb. 5.4.2
Axialsymmetrische Staupunktströmung im 1. Quadranten

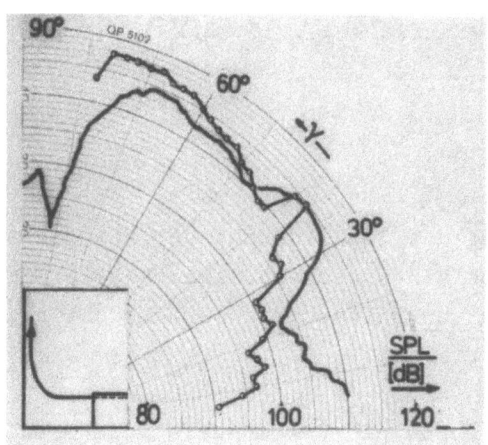

$M_A = 0{,}9$
$d_A = 10\,mm^{\varnothing}$
$f_R = 10000\,Hz$
$r_M = 750\,mm$

Abb. 5.4.3
—o— Rechnung
—— Messung

Beide Charakteristiken stimmen in der Lage des Pegeleinbruchs und der beiden daran anschließenden Maxima sowie in deren Größe überein. Sie differieren im Bereich kleiner Werte von γ,

1.) da das Einfangen der stromauf gerichteten Schallwellen durch die Anströmung in der Wirklichkeit durch Streuung durch die Grenzschichtturbulenz geringer ist. Hierdurch gelangt mehr Schall in den Bereich kleiner Werte von γ,

2.) wegen der geringen Anzahl von Kraftangriffskreisen, da insbesondere die weiter von der x_1-Achse weggelegenen Kraftangriffskreise Schallstrahlen in den Bereich kleiner Werte von γ entsenden können.

6. Zusammenfassung

Es wurde der Lärm untersucht, welcher bei Umlenkung eines Luftstrahls durch ein Hindernis entsteht. Hierbei ergab sich eine starke Lärmsteigerung durch akustische Rückkopplung zwischen Wirbeln in der freien Strahlgrenzschicht und vom Hindernis ausgehenden Schallwellen.

Die für ein Hindernis in Form einer ebenen Wand gemessene Richtcharakteristik dieses Rückkopplungsschalls wies stets ein charakteristisches Minimum in der Wandebene und ein sich daran anschließendes Maximum auf (s. Abb. 3.5.1). Diese typischen Abstrahlungsmerkmale entstehen durch Schallbrechung in den Strahlgrenzschichten (s. Abb. 3.5.3 - 3.5.8). Sie sind in ihrer Form insbesondere von Wandabstand und Austrittsmachzahl abhängig (s. Abb. 3.5.9 - 3.5.14).

Eine Reduktion des Rückkopplungslärms läßt sich durch Störkörper, Ejektoren und Zweikreisdüsen erreichen (s. Kap. 4).

Mit Hilfe des Huygensschen Prinzips lassen sich die oben erwähnten Abstrahlungsmerkmale näherungsweise rechnerisch vorhersagen (s. Abb. 5.4.3).

7. Schrifttum

[1] A. MICHALKE — Description of Turbulence and Noise of an Axisymmetric Shear Flow.
DLR-FB 74-50

[2] G. NEUWERTH — Akustische Rückkopplungserscheinungen am Unter- und Überschallstrahl, der auf einen Störkörper trifft.
Dissertation, TH Aachen, 1973.

[3] E. EVERTZ, V. KLÖPPEL, G. NEUWERTH, A. W. QUICK — Noise Generating by Interaction between Subsonic Jets and Blown Flaps.
DLR-FB 76-20

[4] F. R. WAGNER — Über Schwingungserscheinungen in axialsymmetrischen Freistrahlen hoher Unterschallgeschwindigkeit, die auf eine Wand auftreffen.
Dissertation, TH Aachen, 1970.

[5] J. ATVARS, L. K. SCHUBERT, E. GRANDE, H. S. RIBNER — Refraction of Sound by Jet Flow or Jet Temperature.
NASA CR-494, 1966.

[6] W. A. OLSEN, J. H. MILES, R. G. DORSCH — Noise Generated by Impingement of a Jet upon a Large Flat Board.
NASA TND-7075, 1972.

[7] M. J. LIGHTHILL — On Sound Generated Aerodynamically.
Proc. Roy. Soc. Vol. A211, 1952.

[8] F. G. FRIEDLANDER — Sound Pulses
Cambridge Monographs on Mechanics and Applied Mathematics, 1958.

[9] L. CREMER — Vorlesungen über Technische Akustik.
Springer Verlag, Berlin, 1971.

FORSCHUNGSBERICHTE
des Landes Nordrhein-Westfalen

*Herausgegeben
im Auftrage des Ministerpräsidenten Heinz Kühn
vom Minister für Wissenschaft und Forschung Johannes Rau*

Die „Forschungsberichte des Landes Nordrhein-Westfalen" sind in zwölf Fachgruppen gegliedert:

Geisteswissenschaften
Wirtschafts- und Sozialwissenschaften
Mathematik / Informatik
Physik / Chemie / Biologie
Medizin
Umwelt / Verkehr
Bau / Steine / Erden
Bergbau / Energie
Elektrotechnik / Optik
Maschinenbau / Verfahrenstechnik
Hüttenwesen / Werkstoffkunde
Textilforschung

Die Neuerscheinungen in einer Fachgruppe können im Abonnement zum ermäßigten Serienpreis bezogen werden. Sie verpflichten sich durch das Abonnement einer Fachgruppe nicht zur Abnahme einer bestimmten Anzahl Neuerscheinungen, da Sie jeweils unter Einhaltung einer Frist von 4 Wochen kündigen können.

WESTDEUTSCHER VERLAG
5090 Leverkusen 3 · Postfach 300 620

MIX
Papier aus verantwortungsvollen Quellen
Paper from responsible sources
FSC® C105338

If you have any concerns about our products,
you can contact us on
ProductSafety@springernature.com

In case Publisher is established outside the EU,
the EU authorized representative is:
**Springer Nature Customer Service Center GmbH
Europaplatz 3, 69115 Heidelberg, Germany**

Printed by Libri Plureos GmbH
in Hamburg, Germany